CW00551701

MIXTE
Papier issu de
sources responsables
FSC® C022030

Loi n° 49-956 du 16 juillet 1949 sur les publications destinées
à la jeunesse, modifiée par la loi n° 2011-525 du 17 mai 2011.
© 2011 Éditions NATHAN, SEJER, 25 avenue Pierre de Coubertin, 75013 Paris.
© 2014 Éditions NATHAN, SEJER, pour la présente édition
ISBN : 978-2-09-255170-7
ISSN : 2274-5904
Achevé d'imprimer en décembre 2019 par Pollina, Luçon, France - 92018
N° d'éditeur : 10260911
Dépôt légal : octobre 2014

Les véhicules

Texte de **Jean-Michel Billioud**
Illustrations de **Vincent Desplanche**

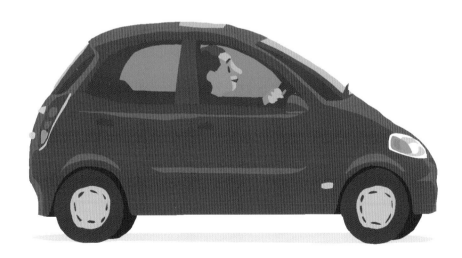

Des véhicules partout !

Dans les rues des grandes villes, les véhicules sont nombreux : à gauche, à droite, devant... Attention, il faut bien regarder en traversant pour ne pas se faire renverser !

C'est quoi, un véhicule ?

Avec ou sans moteur, c'est un moyen de transport qui permet de se déplacer plus rapidement que si on allait à pied.

À quoi sert le klaxon ?

À signaler sa présence. Mais il ne faut l'utiliser qu'en cas de danger car le bruit peut déranger.

Pourquoi y a-t-il des feux et des panneaux ?
Pour organiser la circulation et signaler les dangers. Sans eux, il y aurait de nombreux accidents !

Où apprend-on à conduire ?
Dans une auto-école où on étudie le code de la route et où on s'entraîne à conduire avec un moniteur.

Que veulent dire les panneaux ?
Les panneaux rouges indiquent un danger ou une interdiction. Les bleus donnent une obligation, comme celle de tourner à droite.

Cherche dans l'image !

un scooter

un feu rouge

un panneau sens interdit

Se déplacer en ville

On peut prendre un scooter, une voiture ou un taxi.
Mais les transports en commun sont plus rapides
et plus écologiques !

Pourquoi ça pollue, une voiture ?

Parce que, pour rouler, la voiture brûle de l'essence.
Cela produit des gaz très mauvais pour la planète
et pour la santé des hommes.

C'est quoi, ce drôle de train ?
Un tramway. Il fonctionne à l'électricité et avance sur des rails. Il ne pollue pas et ne fait pas de bruit.

Existe-t-il des véhicules qui ne polluent pas l'air ?
Oui, tous ceux qui n'ont pas besoin d'essence, comme les vélos, les voitures électriques ou les tramways.

M2 Grande Avenue

Pourquoi le métro roule-t-il souvent sous terre ?
Parce que les villes étaient déjà construites quand on l'a créé. Il est rapide car il n'y a pas d'embouteillages dans le sous-sol !

Cherche dans l'image !

un taxi

une voiture éléctrique

un plan de métro

9

Sur l'autoroute

C'est le grand départ ! Tout le monde a bien attaché sa ceinture ? Sur l'autoroute, il faut être très prudent : il y a beaucoup de circulation.

À quoi sert une autoroute ?

C'est une route très large, avec plusieurs voies, qui permet d'aller plus vite d'un point à un autre. On peut y rouler à 130 km/h mais pas plus !

Pourquoi le motard porte-t-il un casque ?

C'est pour se protéger la tête en cas de chute. Il porte aussi des vêtements en cuir qui sont plus résistants.

C'est quoi, un poids lourd ?
C'est un gros camion qui transporte des marchandises.

Pourquoi doit-on mettre la ceinture de sécurité ?
Elle protège chaque passager lors des accidents. En cas de choc, elle permet de rester bien accroché.

130

ATTACHEZ VOTRE CEINTURE

Cherche dans l'image !

130
un panneau de limitation de vitesse

un château

un tracteur

11

Le garage

La voiture est une machine compliquée, qui tombe parfois en panne. Il faut alors l'emmener chez le garagiste pour qu'il la répare.

Toutes les pannes sont-elles les mêmes ?

Non, la panne peut être mécanique si une pièce de la voiture est cassée ou électrique si elle vient des commandes de la voiture.

Pourquoi y a-t-il plusieurs rétroviseurs ?

Pour que le conducteur puisse voir tout ce qui se trouve autour de la voiture.

À quoi sert la plaque d'immatriculation ?

À identifier les véhicules. C'est comme leur carte d'identité, avec une suite de chiffres et de lettres qui est unique pour chaque voiture.

HUILE MOTEUR
PERFORMANCE

QR-004-NT

Qu'y a-t-il sous le capot ?
Le moteur qui fait tourner les roues, la batterie qui sert au démarrage et beaucoup d'autres choses.

Cherche dans l'image !

une pompe à essence

un crochet

des clés

Pourquoi les mécaniciens portent-ils des combinaisons ?
Pour ne pas se salir ! Le moteur est plein de dépôts de graisse noire qu'on appelle du cambouis.

Les voitures de sport

Chaque année, les passionnés se précipitent pour découvrir les nouveaux modèles au Salon de l'Automobile.

Pourquoi cette voiture n'a que deux portes ?

Parce qu'elle n'a que deux places. Elle est plus légère et peut donc rouler plus vite.

À quelle vitesse peut rouler une voiture de sport ?

Les plus rapides peuvent dépasser 400 km/h sur des circuits spéciaux.

C'est quoi, des enjoliveurs ?

Ce sont des disques en plastique qui servent à « habiller » les roues des voitures. Il en existe avec différents motifs.

C'est quoi, des portes « papillon » ?

Ce sont des portes qui s'ouvrent comme des ailes.

Ça coûte cher, une voiture de sport ?

Oui, certaines valent aussi cher qu'une belle maison !

Cherche dans l'image !

une voiture bleue

un enjoliveur

un écran

Les Formule 1

Ça y est, la course commence ! Dans les lignes droites ou les virages, le pilote de Formule 1 n'a qu'une idée en tête : passer le premier la ligne d'arrivée !

C'est quoi, une Formule 1 ?

C'est une voiture extrêmement rapide. Elle participe à des courses qu'on appelle des Grands Prix.

À quoi sert ce stand ?

Les mécaniciens changent les pneus et font le plein d'essence. Ils doivent se dépêcher pendant la course !

Les Formule 1 sont-elles très puissantes ?

Beaucoup plus qu'une voiture normale !
Elles peuvent atteindre plus de 300 km/h
en quelques secondes.

Les courses ont-elles toujours lieu sur un circuit ?

Non. Les rallyes sont des courses qui se font
sur des routes normales, fermées aux autres
voitures pour l'occasion.

Pourquoi les pilotes portent-ils des casques ?

Pour protéger leur tête en cas d'accident.
Le casque est obligatoire : il peut sauver
la vie des pilotes !

Cherche dans l'image !

un drapeau

un mécanicien

un palmier

Les véhicules de secours

Catastrophe ! Un immeuble est en feu. Heureusement, les camions de pompiers et l'ambulance arrivent sur place à toute vitesse.

D'où vient l'eau pour éteindre les feux ?
De la réserve du camion ou d'une borne à incendie à laquelle on attache une lance.

C'est quoi, un gyrophare ?
C'est un gros phare qui clignote. Les services de secours l'utilisent pour qu'on les laisse passer sur la route.

À quoi sert l'ambulance ?
À emmener le plus vite possible les blessés ou les malades à l'hôpital. Dedans, il y a du matériel pour pouvoir commencer les soins.

Combien mesure l'échelle des pompiers ?
Les plus grandes sont aussi hautes qu'un immeuble de 7 étages.

Pourquoi les camions de pompiers ont-ils une sirène ?
Pour avertir les passants et les autres véhicules qu'ils sont très pressés. On la reconnaît de loin, car elle fait : « pin-pon, pin-pon ! »

Cherche dans l'image !

un casque de pompier

une mallette d'ambulancier

une borne

Les engins de chantier

La construction d'une route est un grand chantier ! Beaucoup d'hommes y travaillent avec des véhicules spéciaux pour creuser, soulever...

À quoi sert ce gros rouleau ?

C'est un rouleau compresseur, il sert à tasser la route pour qu'elle soit bien plate et lisse.

Que transportent les camions-bennes ?

De la terre, du sable, des cailloux ou du matériel de chantier. Le chargement peut être déversé en faisant basculer la benne.

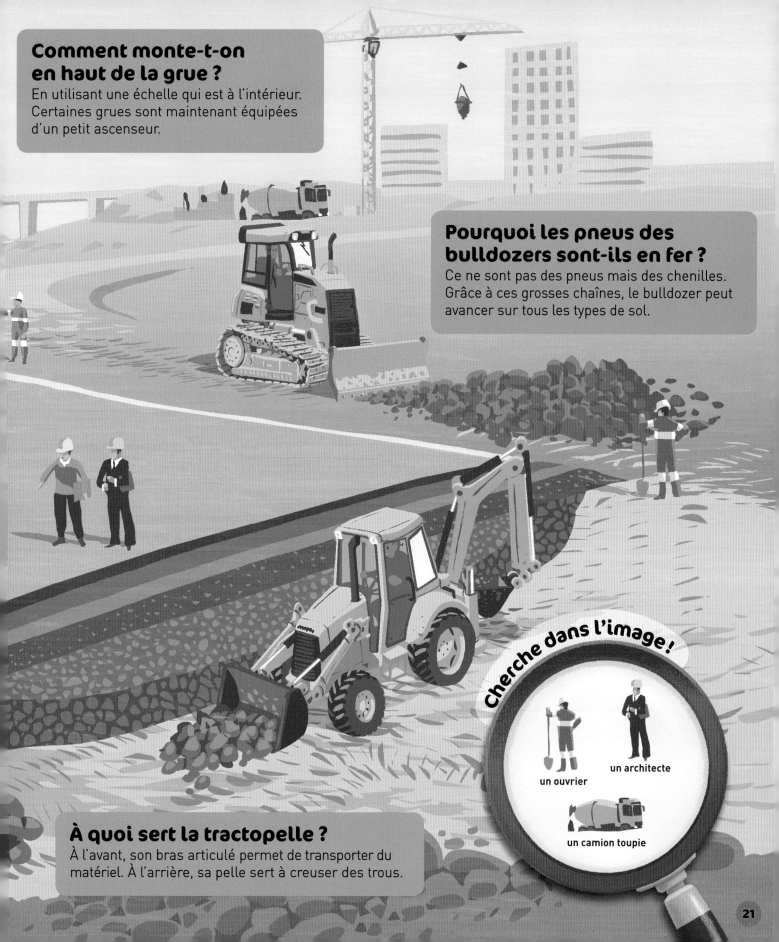

Comment monte-t-on en haut de la grue ?

En utilisant une échelle qui est à l'intérieur. Certaines grues sont maintenant équipées d'un petit ascenseur.

Pourquoi les pneus des bulldozers sont-ils en fer ?

Ce ne sont pas des pneus mais des chenilles. Grâce à ces grosses chaînes, le bulldozer peut avancer sur tous les types de sol.

À quoi sert la tractopelle ?

À l'avant, son bras articulé permet de transporter du matériel. À l'arrière, sa pelle sert à creuser des trous.

Cherche dans l'image !

un ouvrier

un architecte

un camion toupie

Les trains

Attention au départ ! Le chef de gare donne le signal grâce à son sifflet. Tant pis pour les retardataires !

Comment les trains avancent-ils ?

La plupart des trains fonctionnent à l'électricité. Ils roulent sur des rails en acier qui assurent le guidage de la locomotive et des wagons.

Où est la locomotive du T.G.V. ?

Il en a deux : une devant et une derrière !
Elles fonctionnent en même temps : celle à l'avant
tire les wagons et celle à l'arrière les pousse.

Comment le train sait-il quels rails il doit suivre ?

Des personnes, les aiguilleurs,
prévoient le chemin que doit prendre
chaque train. Ainsi, il n'y a ni
accident ni embouteillage
sur les rails !

Quel est le train le plus rapide du monde ?

C'est un train japonais qui « flotte »
au-dessus des rails. Il va un peu
plus vite que le TGV français.

Cherche dans l'image !

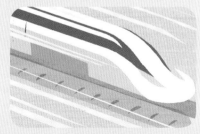

un contrôleur

une borne
pour composter
les billets

une valise

Que veut dire « T.G.V. » ?

Ce sont les initiales de Trains à Grande Vitesse.
Ils relient les grandes villes à près de 300 km/h.

10 14:31
TOULOUSE

Les bateaux

Le port de plaisance abrite les bateaux petits et moyens. Les très gros navires, comme les cargos, arrivent et repartent d'un port industriel.

BLUE WAVE LINE

Queen Mary 2

F-472

Qu'est-ce qu'un ferry ?

C'est souvent un gros bateau qui transporte des gens mais aussi des voitures ou des cars entre les îles ou entre le continent et une île.

Comment les voiliers avancent-ils ?

Ils sont poussés par la force du vent contre leurs voiles. Souvent, ils ont aussi un moteur au cas où il n'y aurait pas assez de vent.

Combien de temps un sous-marin peut-il rester sous l'eau ?

Un peu plus de deux mois. Il emporte des réserves d'air, d'eau potable et de nourriture. Il se déplace en général à 400 m de profondeur.

Quelle est la taille d'un paquebot ?

Il est grand comme plusieurs immeubles ! Certains sont même de vraies villes flottantes, avec des restaurants, des piscines, des cinémas, des magasins...

À quoi sert un porte-avion ?

C'est comme un aéroport militaire en pleine mer. Grâce à lui, les avions de combat peuvent atterrir ou décoller de partout dans le monde.

Cherche dans l'image !

une mouette

un phare

une cheminée

Les avions

Dans ce grand aéroport international, des avions décollent et atterrissent en permanence. Ils partent parfois pour l'autre bout du monde. Bon vol !

C'est quoi, la traînée blanche derrière les avions ?

C'est une guirlande de cristaux de glace. Le moteur rejette de la vapeur d'eau qui se glace en sortant car il fait très froid en altitude.

Qui pilote les gros avions ?

Ce sont des pilotes de ligne spécialement entraînés. Mais le commandant de bord n'est pas tout seul, son équipage l'assiste !

À quoi sert la tour de contrôle ?

À organiser la circulation dans l'aéroport pour faire décoller et atterrir les avions en toute sécurité.

L'hélicoptère a-t-il des ailes ?

Non. Il vole grâce à une grosse hélice sur le toit et une petite sur sa queue. Grâce à elles, il peut se déplacer vers l'avant, vers l'arrière ou voler sur place, contrairement à un avion.

Cherche dans l'image !

une manche à air

une tour de contrôle

un H

Le sais-tu ?

Comment se déplaçait-on, avant ?

On se déplaçait à pied, bien sûr, mais aussi à cheval ou en carrosse. Mais cela prenait beaucoup plus de temps car il fallait laisser les chevaux se reposer ou en changer au cours du voyage.

Comment voyage-t-on dans l'espace ?

Grâce à des fusées ou à des navettes spatiales qui ont des moteurs particulièrement puissants ! L'homme a réussi à aller pour la première fois sur la Lune en 1969. Depuis, il veut partir explorer Mars !

Quel est le véhicule le plus rapide ?

C'est l'avion supersonique. Cet avion va plus vite que le son ! Tu peux le voir passer mais tu ne l'entendras que quelques secondes après !

Un train qui passe sous la mer, ça existe ?

Bien sûr. Plusieurs trains passent chaque jour dans un tunnel creusé sous la Manche, qui relie la France à l'Angleterre.

Comment sera la voiture du futur ?

Les ingénieurs travaillent pour créer des voitures plus sûres et moins polluantes. Peut-être même qu'ils inventeront un jour des voitures volantes !

Est-ce qu'on pourra partir en vacances sur la Lune ?

Un passager-touriste a voyagé à bord d'une navette spatiale et une prochaine mission devrait embarquer deux touristes qui payeraient chacun leur place 150 millions de dollars ! Les voyages sur la Lune restent chers mais pourraient un jour devenir possibles pour tous.